サリーが家にやってきた

愛犬に振り回されて年忘れ

小山矩子

文芸社

目次

とんだ闖入者

（いつになったら治るのかしら）

通院をはじめてから二週間も過ぎたっていうのに、いまだに胃の調子がよくない。

（今までこんなこと、一度だってなかったのに）

（悪い病気じゃないかしら……）

（それとも、やはり年のせいかなあ……）

やらなければならないことや、やりたいことだってたくさんあるのに、今日も、なんだか朝から、やる気が出てこない。

「おい、歩くスキー、やらないか」

夫の声がした。旅行会社のパンフレットを手にしている。

「歩くスキー！　そんなこと……この年になってできるはずないでしょう。馬鹿なこと言わないで……」

夫の無神経さが無性に腹立たしく、とげとげしく返事を返した。

きょうは通院の日。いやいやながら、とにかく家を出た。

とんだ闖入者

「食が細くなってさ、いつの間にか老境に入っていくんですって」

電話での友の言葉が、いやに現実味をおびて迫ってくる。

「そんなこと……」「まだまだ先のことよ」

嫌な言葉を打ち消すかのように、私は足元の小石を思いっきり蹴った。でも、

（「精密検査をしましょう」なんて言われたらどうしよう……）

不安を抱きながら医者への道を急いだ。


お世話になっている薬局の前まで来ると、ガラス窓に、

> 子犬さし上げます。雑種。生後一カ月。
> 欲しい方は当薬局に申し出てください。

と書いたはり紙を見つけた。

医者の問診もうわの空、精密検査と言われなかったことにホッとした私は、

処方箋をもらうやいなや、一目散に薬局に駆けつけた。早くしないと、いなくなってしまう。なぜか心急がされた。

私は飛び込むなり「雄まだいますか」と尋ねた。筑波に住むという四十歳半ばほどの人の良さそうな男の薬剤師は、

「それが七匹も生まれたのですが一匹だけが雄で、あとの六匹は雌なので……」と申し訳なさそうに言った。

「六匹全部雌！」

思いがけない答えに私は驚いた。

犬好きの我が家では、今まで犬を飼った経験から雑種の評価は高い。それもあって雑種にこだわりはなかった。

（しかし、雌はどうも……）「不妊手術」が頭をかすめた。

孫が三、四人はいてもおかしくない我が家に、いまだにただ一人の孫もいない。犬とはいえ「不妊手術」などして子犬の性を封じ込めたら、未来永劫《みらいえいごう》に孫

は望めない。そんな天罰を受けるような気がした。

「こんどの日曜日、残っている犬をここへ持ってくることになっています。よかったらどうぞ」

六匹全部残っているという。薬剤師はにこにこしながら答えた。

(犬は金輪際飼わない)家族それぞれが、無言の決心をしてから何年過ぎただろう。ジョンが死んだときだった。しかし、いつの頃からか四人の家族は、それぞれに犬を探しはじめていた。

「駅前の通りの犬屋、可愛い子犬がいたよ」

「やっぱりジョンと同じ柴犬がいいかなあ」

そんな話が聞かれるようになった。

やがて子どもたちも独立し、家を出ていった頃からだったか、私たちもペットショップを見かけると、覗くようになっていた。

「雑種だけど子犬がいるのよ……。見に行ってみる?」

「みんな雌なんですって……」そう言ってから夫の顔を見た。

私の話に夫は返事をしない。これは「見に行ってもいいよ」という証。見るだけは見てみようということになって、日曜日約束の場所に行った。犬についての詳しい夫に同行を願ったわけである。

(雌だから絶対駄目!)(見るだけでも楽しいわ!)

自分では納得済みのはずであったが心の隅に、

(そんなに「不妊手術」にこだわらなくっても……)の思いがあったのであろう。

「だめ犬だったらバツ。いい犬だったらマルを」と夫にサインの打ち合わせをした。

約束の場所に車が止まると、それを合図にあちこちから人が車に近づいた。いずれも相談役との二人連れだから、倍の集まりになってしまう。

三、四年生くらいの男の子がライトバンの荷台の箱から一匹ずつ抱え出して見せてくれる。すぐに飼い主が決まっていく。その様に少々慌《あわ》てながらも慎重に選んだ。どれも可愛くてあどけない顔をしている。

「これどう！」

すぐにももらわれ先が決まってしまいそうなその場の空気にあせって、私はやおら黒い子犬を抱き上げた。

可愛い顔をしているけど、眉間《みけん》の茶色の縦筋が気になった。

（雌だし、よほど良い犬でなければマルのサインはないはずだ）

どこかに安心感があった。

夫の指先はバツになっている。

そっと箱に返した。とたんに、待っていましたとばかりに二人の女性が、その犬を抱えあげた。

（どうせみんな雌だし。それに残り物。これもバツに決まっている）

そう思いながら残った一匹を抱えあげ、夫に見せた。

ところが夫は、マルのサインを出しているではないか。

（雌犬を承知で、夫はマルのサインを出している。きっといい犬なんだわ）

競争相手の多い特売場で「すばらしい品を手にした」そんな気持ちであった。

こうして我が家に、顔と胸のまわりに柴犬の茶色の混ざった、両耳のたれた黒色の子犬がやってきた。

「この犬、目と目の隙間が開きすぎてるって思わない？」

帰りの車の中で、子犬は私の腕の中に潜り込んで、ふるえている。

両手に収まるほどの子犬。後先の考えもなく連れ帰ったが、大変な闖入者《ちんにゅうしゃ》であった。私たちの姿が見えないとクンクンクンクンと悲しそうになき続ける。仕方がないので仕事の手を休めて抱いてやると、ちぎれんばかりに尻尾《おっぽ》を振って喜ぶ。仕事をはじめるとまたクンクンクンクン。子犬は、変化のない年寄り二人の生活に小波や大波を立てはじめた。

悪いことに連れ帰った翌日から、二泊三日の旅行が計画されていた。さんざん考えた末、勝手口の土間いっぱいになるような大きいボール箱の中に入れることにした。お腹が空かないようにと多めのドッグフードと水を入れ、仲間の感触をと思って、もこもこの毛布を入れた。淋しくないようにと居間の電気を点《つ》けておくことにした。考えられる限りの愛情をかけ、出かけた旅であったが、旅先での二人の話題は、「どうしているだろうか」「なき疲れてぐったりしているのでは」「餌は足りているだろうか」と子犬のことばかり。どうも落ち着かない、心せく旅になってしまった。

　帰宅して目にしたのは、椅子に掛けてあったジャンパーやマフラーなどの衣類、低い机の上にあった新聞紙やティッシュを引きちぎり、床一面に散乱させた居間の姿であった。

　ドアを開けるなり「あーっ！」と二人は絶句した。よくよく見るとソファーのあちこちに大きいほう、床のあちこちに小さいほう。荷物を放り出すや否や大掃除。

（あーあ。疲れた！　とソファーに横になりたいところを……。えーい！　チビ犬め！）

子犬は気が違ったかのように夫に飛びかかっていった。そして私に飛びかかってきた。ちぎれんばかりに尻尾を振っている。

掃除の大変さで頭がいっぱいの私は、その子犬を力いっぱい叩いた。子犬は怪訝《けげん》そうな顔をして私を見た。そしてすぐに夫のところへ飛んでいった。

「いいじゃないか。チビは喜んで出迎えてくれてるよ」

(こんなに帰りを待ちこがれて、全身で喜びを表し出迎えてもらうのは久しぶり。子どもたちが結婚して家を出て以来だわ)

夫の言葉に私ははっとし、チビ、チビと子犬を呼んだ。叩かれたことなど忘れてしまったのか、子犬は抱きついてきた。

小さくて小さくて、上がり框《かまち》にやっと前足がとどくほどなので、ボール箱から出ることは絶対にないだろうと思っていたが、子犬は二泊三日の間に必死になって箱をよじ登り、居間に入りこんだのであった。

以来私たちの旅行はすべて取り止めとなった。一泊は勿論、長期間の外国旅行などもっての外《ほか》である。

「あーあ。人生お先真っ暗。これからしっかり旅行でもしたいと、楽しみにしていたのに。これがいるかぎりどこにも行けないわ」

ため息混じりにそう言うと、

「まあいいさ。山登りに連れていけば」

と夫。

「まだ山に登るつもりなの。私はパスよ……」

私はしたたり落ちる汗を思い出し、不愉快になった。

子犬は愛くるしい目をして、しきりに尻尾を振っている。

(おまえのせいなのよ) と上げた手が、思わず子犬を抱き寄せ頬ずりになってしまう。

ぼやきながらも、失望の淋しさが湧かないから不思議。当分家を空けないことにした。

犬好きの息子たちから、喜びの電話と名前についての意見が寄せられはじめた。

「どんな顔をしているの。大きさは？」

「うーん。黒い犬なのに目のまわりは茶色。そして公家《くげ》さんのように眉毛が両方に並んでいるわ。そりゃあ可愛いったらないから」

「耳はどう？　ジョン（前の飼い犬）と同じ？」

「ジョンのように立っていなくて二つに折れているわ」

「見てないからわからないけど雌だからなあ……」

「なるべく早く帰るからね……」

など、子犬が家に来てからというもの、子どもたちから電話がよくかかるようになった。親の顔でなく子犬の顔を見に帰るという。

「雌だから『ハナ』がいいよ」

「『ヤエ』がいいよ。『ヤエちゃん！』。いい響きでしょう」

「散歩でヤエ！　ヤエ！　って呼んだらいやな気分になる人が、きっといるわよ」

「『アユ』はどう？　いや『アイ』がいいよ」

私と息子の電話のやり取りを聞き、夫は膝に抱いた子犬を撫でながら、

「ヤエがいいか？　それともアユか？」と子犬に語りかけている。

優しく語りかける夫の言葉を、久しぶりに聞いたように思った。

寡黙《かもく》な夫との二人の日常は、私が語りかけないかぎり常に静かで会話もない。その我が家に活気が出てきはじめたのである。話題の中心はいつも子犬。

「子どもたちはあれこれ言うけれど『アユ』とか『アイ』とかのような、おとなしい女の子じゃないわよ。反応がよくて、どうみてもおてんば娘。あなたそう思わない？」

「おとなしいタイプじゃないな。確かに反応はいい」

「サリーって言うのはどう？」

私は以前テレビで見た、おてんばの魔法使いの女の子の名を言った。

「あんまりぱっとしないけど、おかあさんたちと一緒にいる時間がいちばん長いんだから……」

サリーが家にやってきた

息子たちのＯＫで、子犬にサリーという名がついた。

サリーは昼間は庭で過ごすが、夜はずるずると部屋の中での生活になっていた。あまりにも小さいので、部屋の中に入ることを許したが、それでも夜は一人で土間の床で寝るようにした。

部屋に入れると自分の指定席であるかのように、必ず夫の膝に抱かれる。ときどきぺろぺろと夫の顔を舐《な》めている。私が「こい」と言っても知らん顔。

「きっとソファーが気に入っているのよ」

ソファーの二人の位置を取り替えてみる。いい年寄りが、子どもじみたことを本気でやってみる。ところが夫が位置を替えるとサリーはちょこちょこと夫の後についていて移動する。

「やっぱりサリーはあなたが好きなのよ。ソファーじゃないわねえ」

他愛のないことから、夕食後の話題は今までになく弾《はず》む。

「サリーは雌だから男性が好きなのよ！」と言ってはみるものの、こうはっきりと差別をされると些《いささ》か癪《しゃく》にさわる。

そこで餌やりだけは私の専売特許とした。久しぶりに瀬戸物屋に行き可愛いピンクの丼を選んだ。

空き腹は我慢《がまん》できないらしく、ピンクの餌入れを手にした私を見ると、飛んできて飛び上がって喜ぶ。私は（また嫌われるな）と思いながら「待て！」「よし！」のエチケットを仕込んだ。早く食べたいからか、それとも賢いのか、覚えはいい。

「お腹が空くと食事をくれる人」サリーは私のことを給食係りのおばさんと思っているふしがある。

夕食は待ちきれないらしく、ピンクの鉢を手にした私を見ると、頭をたれ、くるくると二回転して喜ぶ。

（今日は美味しいはず）

そんなときには、食べ終わると飛びかかってきてぺろぺろと私の手を舐める。舐めるという行為は最高のうれしさの表現なのかもしれない。

（今日は不味《まず》いかも……）

そんなとき、食べるのを途中でやめて、（いつもと違うよ）と言うように、ジーッと私を見る。

（あれっ！　あんなにガツガツ食べて味が解《わか》るんかしら）

そうなると（よーし。美味しいものを作ってやろう）と思うから不思議。魚も肉もスープもサリーの分が加わる。

今まで少しで間に合っていた味噌汁も、子どもがいた頃と同じようにたくさん作るようになった。

多めに作る料理は美味しい。夫が、

「炊飯器を替えたのか？」と言ったのには参った。

ドッグフードはピンチヒッターに。なるべく私たちと同じ物を与えたいと、食事の用意に心を使う。

（やっとおさんどんから解放されたのに）と思いながらも、逆立ちをして喜んでくれる顔や姿を思い出すと、そんな思いはいつの間にか霧散している。

この間、大好きな肉をやったら、ゴクンと一口に飲み込んでしまった。

「もっとゆっくり！　よく噛んで！　味わって食べなさい！」と思わず叫んだ。とたんサリーが目を白黒させて首を左右に振りはじめた。

「サリーが大変！」

夫が飛び出してきた。その頃もう肉切れは喉《のど》を通過したらしく、がつがつ、ぺろぺろと残りの餌を食べていた。

「まったく色んな事件を起こしてくれる」

私たちは久しぶりに声を出して笑った。

サリーは私たちに何とも言えない心の癒しや、ときにはストレスも起こさせるが、それ以外に「老化予防薬」の役をしてくれている。そう思うこの頃である。というのも、近ごろ面倒になっていた家事を、いつの間にか億劫《おっくう》に感じなくなったのである。

今日もサリーの泥足の跡をぶつぶつ言いながら拭いている。腹這いになって床を拭くという作業は、ラジオ体操どころではない、大変な膝や腰の屈伸《くっしん》運動である。

あれほど気にしていた胃の痛みは、どこかへ行ってしまった。精密検査に怯《おび》えていたことなど嘘のようである。

犬は家族に似るっていうけれど

サリーが家にやってきた

我が家で犬のいなかったのはこの六、七年間である。ジョン、コロ、クマとそれぞれの犬との思い出や癖が今も話題になる。サリーがきてからそれがいっそう盛んになった。

「サリーはクマによく似ている。逞《たくま》しいよ」

狙《ねら》ったが最後、諦《あきら》めないで飛びかかってくるサリーに、手をやいた長男の声が庭から聞こえてくる。急ぎ庭に出てみると、まるで闘牛と闘牛士の闘い。息子の手元のボールを取ろうと、繰り返し繰り返し飛びかかっていく。どう見ても闘牛士のほうが押され気味。私は笑ってしまった。

「サリー行け行け！」私はサリーを応援する。とサリーは私を見て飛んで来た。ここで休戦。一息入れた息子は、

「サリーはクマに似ているよ。クマも狙ったら離さなかった。雑種の共通点なのかなあー。ジョンはこんなことはなかった」

ジョンというのはサリーの前の飼い犬で、これは血統書付き。利口そうな顔を見て即、名前がついた。「ジョン！　ジョン！」と呼ぶとツンと澄ましてあ

らぬ方を見る。

「可愛いけど可愛くないねえー」

飛び掛かってくるでもなく、はでに尻尾を振るでもなく。それでも子どもたちとは兄弟のように慣れ親しむようになった。「もう犬は飼わない」無言のうちにそうなったのは、ジョンの死に遭ってのことであった。

「犬って飼い主に似るんだって、ジョンは誰に似ていると思う。おとうさんに似てる？」

次男が小学生の頃、友達から聞いてきた。

「そうねえ。知らないものを見かけると、すごい勢いで吠《ほ》えたてて家を守ろうとするところ、おとうさんに似てない？」

「どこの犬だって吠えるよ。だから犬は番犬になるんでしょう」

「じゃあ脱走兵《だっそうへい》をやめないのは誰に似ているの」と次男。

血統書付きでありながら、確かにジョンはどんなに叱られても放浪癖は直らなかった。何日か外遊びをして家にもどって来る。

「ごめんちゃい（ごめんなさい）をしてジョンが帰ってきたよ」

門の前に足を揃えて頭を下げて座っているジョンを見つけ、そんな会話が続いた。

一カ月近く帰ってこなくて、いなくなった日を命日にした。ところがある日、門の前に両足を揃えて座っていたこともあった。

「家には脱走する人いないのにねえ」次男はこだわる。

「いくら放し飼いにしていたって、自然の楽しさや、自由にはかなわないよ。ジョンは自由の楽しさを知ったのさ」

中学生の長男が言った。

「最初の脱走のとき、厳しく躾けなかったからじゃないか？」

ポツンと夫が言った。

「犬って飼い主に似るっていうより、家族の手抜きや、思いつきの接し方が犬の癖《くせ》（性格）になっていくんじゃないのかなあ」

と長男。

「そうだとすると、飼い主に似るっていえるのかな」と夫の意見。

「そうだよなあ」と、このときみんなはその意見に納得した。


犬には大なり小なりの違いはあっても、基本的にはみな同じ。ジョンの飼育から得た経験を生かし、サリーに幾つかの約束を覚えさせよう。そのときの気分で接しないようにしよう。そんな夢をもった。子犬の成長は早い。（雑種だから、教えこむのに手が掛かるだろう）私はそう思い込んでいた。ところが同じことを二日間経験すると覚える。目を見て話しかけるようにすると耳を立てて聞いている。

「この犬かしこーい！　頭がいい」

夫に話すと、いつももどかしいほど返事を返してこない夫が、このときは
「そうだろう」と即答した。

夫の話ではサリーの爪は二本だけ白くて、後は真っ黒だという。〝爪の黒い犬は賢い〟以前聞いたことがある。私はサリーを捕まえて爪を見た。夫の言う

通りであった。

「あなた、あのとき、サリーの爪を見たの？」

あの日、夫の自信ありげなサインで、サリーをもらってきたことを思い出し、夫に尋ねた。

「いや違う。不思議に波長が合ったんだ」

「波長が合ったなんて、変なの。言い換えれば『一目ぼれ』って言うわけね。あなたのただならぬ可愛がりよう、やっとわかったわ」


ともあれ、サリーが物覚えのいいことの証を見た私は、色んなことを覚えさせようと欲が出てきた。さっそく『犬の飼い方』という本を図書館から借りて来た。

ところが躾には大変な厳しさと、根気が必要であることがわかった。その二つとも、私にやれる自信はない。それに今までのサリーの所作《しょさ》は、犬の習性であって、それ以上のものではないこともわかった。

考えてみると、常々幼児期の英才教育に疑問をもっている私が、「なぜ犬に?」と吹き出してしまった。特訓はやめることにした。最低限必要なこと幾つか、しっかり躾けることにした。

とっくに子離れを終えているのに、私はあれやこれやと、子どもたちの教育について悩んだ、遠い昔の頃の母親にもどっているようだ。

「サリーよかったなー」夫がサリーに話しかけた。

寡黙な夫が、サリーの前では実に多弁になる。

サリーが我が家の一員になって三月《みつき》半ほど過ぎた頃、家の外壁の修理をした、そのときである。サリーの不思議な性癖に気がついた。

おてんばサリーが職人の動かす機械の金属音に、異常な反応を示すのである。音が響くと気が狂ったように逃げ回る。小さな入り口の中に逃げ込む。聞き分けも何もあったものじゃない。ある日、開いていた門から逃げ出して外に出てしまった。悪いことにその日は夫が不在であった。

やがて「サリー!」「サリー!」の声を耳にし、私の姿を見るとフェンスの外から助けを求めてきた。生まれて初めて門の外に出ていったわけである。自分の居場所はわからないようす。頭がいいなんてとても言えない。

子犬を探しまわった私は、大事な約束の時間に遅刻をしてしまった。

一週間もするとこの音に慣れたが、こんどはサリーの隠れ家に響いてくる洗濯機の振動の音に怯える。

つい先だっても、海外出張前の挨拶に久しぶりにやって来た二人の息子が連れ立って、夜の散歩に連れていった。夜中であるし安全と思って綱を解いたらしい。やがてサリーは鼻をクンクンさせながらあちらに行ったり、こちらに来たりと、機嫌よく歩いていた。そのうち何に怯えたのか、急に脱兎のように逃げ出した。二人はさんざん探したが見つからず、仕方なく家にもどった。(ひょっとしたら)と思い、家の前で「サリー!」と呼んでみると、暗闇からひょっこりと顔を出したという。

「自分の家がわかったのかしら。横断歩道、よく渡れたわねえ」

こんなことは今まで一度もなかっただけに、夫も私も驚いた。

「どうして逃げ出したんだろう?」息子たちも驚いたという。

ジョンは花火の音が嫌いだった。区の花火大会の音がすると慌《あわ》てて隠れていた。救急車の音や雷鳴《らいめい》に反応する犬の話を聞いたことがある。サリーは何に反応したのか、いまだにわからない。

犬の聴力は人間の四倍という。音の聞き分けも鋭い。それだけに音への反応は鋭敏である。それにしてもサリーの行動は、いささかひどい。散歩中聞き慣れない音を耳にすると、「ゲッゲゲッゲ」と息を弾ませ、死に物狂いで前に行こうと姿勢を低くして引っ張る。

「ゲッゲゲッゲ」というのは紐で締めつけられて吐く、苦しそうな息。そんなときは、サリーの心臓はどくどくと波打っている。

車庫で自動車のエンジンをかけると、庭の隅にふっとんでいく。雨傘を広げると同じように尻尾を下げて逃げ回る。普段おてんばであるだけに、その慌てぶりには笑いだしてしまう。

「やっぱりサリーは女の子ねえ」と呟《つぶや》いてしまう一瞬である。


旅行ができなくなった私たちは、五月に入って間もなく、サリーを連れて山登りをした。生後六カ月ぐらいだろうか。

茨城県の加波山《かばさん》という千メートルに満たない山で、山麓まで車で行く。尻込みして車に乗ろうとしないサリーを、やっとの思いで詰め込み出発した。初めての経験には、どんなことでも大変な抵抗をする犬である。覚悟はしていたが、めずらしく後部座席の私にすがりついて、おとなしくしている。しかし高速のトンネルに入ると、反響に驚いてすごい勢いで私の胸によじ登ってくる。

(いたずらサリーが、私を頼りにしている)

何とも言えない、いとおしさで、つい抱き締め頬ずりをしてしまう。眠っていた私の母性本能が、サリーによって目を覚まされたのであろうか。(安心させてやらなければ……）と張り切ってしまう。目的地に着くまで、不安は拭いきれなかったようであった。

ところが山道を登りはじめると、こんなのへいちゃらと言わんばかりに、山道を駆け登っていく。男の子顔負けのおてんばぶりである。遅れて登る私を、夫が「おかあさんは？」と言うと、ざざざざと駆け下りて私の所にやってくる。

「サリー、私が女だから守ってくれているのかしら？」

いつだったか（おかあさんは女だから、サリーは手加減している）と言った次男の言葉を思い出した。

そこで夫に遅れて来るようにと耳打ちした。

こんどは「おとうさんは？」と私が言うと、ざざざざざと駆け下りるが、夫の姿を見つけると途中で止まる。

「こいつ！　人を見ているな」

まったくその通りである。

生まれて六カ月ほどしか経っていないくせに、「男は大丈夫さ」なんて思っているのかしら。

なんだかサリーが犬に思えなくなってくる。

「サリーは優しいわねえ。ジョンやコロにはこんなところなかったわ」

犬にこんな思いやりや、感じ方ができるのかと感心してしまう。

(この年になって、山登りだなんて……)の小言はどこへやら、サリーによって、とたんに楽しい一日になってしまった。


下り道には倒れた大木がいく本も山道を塞いでいた。木の下を潜ろうとしたら背中のリュックがつかえ、動きが取れなくなってしまった。「きゃあー」と思わず声を出すと、聞きつけたサリーは、急ぎもどってきてぺろぺろと私の顔を舐め続けた。

右へ左へと顔を動かすしか術《すべ》はない。まったく迷惑千万。でもサリーは心配しているのである。それとも「大丈夫?」と元気づけてくれているのかもしれない。

(生まれて初めての山登りなのに、サリーは自分のことよりも私を心配している。雌犬の特性なのかしら)と思った。

あっちに行ったり、こっちに来たり気配りサリーの帰路は、家に着くまで、揺り起こしても目覚めないで寝入りこんでいた。

山登りの一部始終を電話で聞いた息子は、一言、

「犬は家族に似るっていうけどそれ、違うね。それぞれの犬の個性なんだよ」

と言って、電話の向こうでからからと笑った。

犬にも個性があるさ

サリーが家にやってきた

サリーが家に来て約半年になる。犬は半年で成犬になるというのに、サリーには頭を傾《かし》げたくなることが幾つかある。

その一つは、いまだに番犬になれないということである。

誰にでも人なつっこい。門の開く音がするとぴっと耳を立てる。

「さても頼《たの》もしき番犬かな」と思ったのはほんの二、三日。跳んでいって飛びつき、尻尾をすすきの穂のように打ち振って大歓迎をするのである。そしてまつわり付く。

誰かれの見境がないから困る。

いつかなど、宅配のお兄さんが配達の荷物を持って、庭中を逃げ回っていた。その後を、サリーが尻尾を振りながら、追っかけている。笑うに笑えない光景だった。

悪さをしたときは叱ると「二度めには改める」と少々自慢に思っていたのに、こんなときは何度叱っても、どんなに叩かれても、直らない。

以前テレビで「空き巣」のことが報じられていた。元、空き巣（泥棒）の話に、入りにくい家の「二番目」に、飼い犬がいることとあった。

「鍵よりも犬のほうが空き巣対策になるんですって。いよいよサリーが役に立つときがきたわ」

私は喜んで夫に話したが、あれから何週間過ぎただろう。人なつっこさは相変わらずで、相変わらずの番犬失格である。

いまだにサリーの吠《ほ》える声を聞いたことがない。

今では配達の人たちは門を開けなくなった。いくら犬好きでも、泥んこ足で飛びつかれたらひとたまりもない。「小山さーん」の声を耳にすると、私たちは慌てて外に出るようになった。

いつでもサリーはいちばん先に駆けつけて、門の内で尻尾を振っている。

「サリーのように、どこまでも追っかけて来られたら、泥棒のほうが逃げ出すんじゃないの」

なるほど、息子の言うようなことも、起こるかもしれない。発想を転換すると、白も黒になるし、灰色にもなるということか。

「サリーはサリーさ」みんなと違っても、それはそれでいい。近ごろそう思うようになり、変に納得している。

あと一つは、一人遊びができないことである。

私たちの姿を見かけると、跳んできてしつっこく飛びかかる。ボールをくわえてきては足元に置く。人間であったら「遊ぼうよ」というところであろう。天気のいい日、夫は庭で鉢物の植え替えや、芝生の草取り、と結構忙しい。じゃれつくと相手をしてくれる夫が、ほかのことに夢中になっているのがつまらないらしく、いつの間にか株分けをして手元においた君子蘭や、シンビジウムが姿を消してしまう。それらは縁の下に運んであったり、しゃぶっていたりと、次から次へと悪さをする。そんなとき私は叱ったり、叩いたりするけれど、夫は決してそんなことをしないで、手を休めて相手をしてやる。だから悪さは一向に直らない。

「悪さをやめないときは、酷《ひど》く叱ってよ」

犬にも個性があるさ

私が手を振り上げると、慌てて夫の傍《そば》に避難をする。そして私を無視して夫にじゃれついている。

心底から頼ってくるサリーが、夫はいとおしくてならないのであろうか。

今日も芝生の草取りをしている夫の傍に座っている。それだけではなく、よく見ると夫にしなだれ掛かっている。

「なんて格好してるの？　サリーはどうして一人立ちができないんでしょう。ジョンはこんなことあったっけ？」

犬それぞれと思いながらも、またもやジョンとの比較である。

「そうだなあ。ジョンは、あっさりしていたなあ」

「私たちを同族と思っているのかしら。それとも人間が好きなのかしら。まったく変な犬」

放し飼いなのに、他の犬同様に散歩は大好きで、散歩用の紐を手にすると逆立ちをして喜ぶ。

「このはしゃぎが収まるのを待つんですって」

靴を履いて散歩の用意をしている夫に、テレビで知った犬の躾の知識を披露した。そして首に紐を付けてから、しばらく静観することにした。

その何日目のことだったか、サリーが紐の端をくわえて夫の所に持ってくるではないか。

「サリーが紐を持ってきている！」

気づいた私は、思わず叫んでしまった。

よく見ると毎回、幾度となく同じ所作をする。

「いやあー！　これどういうこと？　サリーが早く早く散歩に行こうよって言っている」

考えられないことであった。

先のボール遊びといい、この紐のことといい、まったく不思議な犬である。

これも犬の習性なのであろうか。

犬にも個性があるさ

サリーとの出会いの日、小学三、四年生くらいの男の子が父親といて子犬の世話をしていた。可愛がっていたらしく、人の手に渡る度に一匹一匹、写真を撮っていた。そのときはあまり深く考えなかったが、サリーの人間好きというか、人間を疑わない気持ちは、その男の子に関係があるように思えてならない。

動物は最初に目にした者を、自分の親と信ずる習性があると聞いたことがある。小学校三、四年生の頃はもっとも純粋で、心身にゆとりのある時期である。あの男の子は学校から帰ると、犬小屋に跳んで行き、子犬と遊んだのではなかろうか。ときには、男の子や女の子の友達を連れてきては、心行くまで、遊んでやったのではないだろうか。

サリーの人間好きは人間信頼の証であり、子どもたちと子犬が夢中になって遊んでいる姿が瞼《まぶた》に浮かぶのである。

成長したサリーの写真をあの男の子に送ってあげようと思う。それにしてもサリーは、どんな犬になっていくのであろうか。

まったく大人げない話であるが（一年に一度でいいから犬が人間の言葉を喋れたらいいなあ）と本気で思ったことがある。

ジョンが病気のときであった。何も食べず、横になったまま見つめる目は、何かを訴えているようで、水がほしいのかと傍に運んでも、大好きだった鶏の股肉のそぼろを口元に置いても、見向きもしない。

次男も同じ思いであったのか、あのとき、

「一回でいいから、神様は僕の願いをきいてくれないかなあ」

と呟いた。

「えっ、何のこと？」問いかける私に、

「ジョンがなにをしてもらいたいのか、教えてほしいんだ……」

それから数日後ジョンは死んだ。家族の誰もが、ジョンのあの目が忘れられなかったのであろう。「犬は金輪際飼わぬ」そんな思いが家族それぞれの胸に残った。

元気者のサリーは、相変わらず庭を走り回っている。朝、北側の雨戸を開ける音を耳にし飛び出してくる。続いて南側の座敷の雨戸の下へ大急ぎで移動する。頭を撫《な》ぜてもらうと、すぐさま走って東側の雨戸の下にやってくる。耳をぴんと立て、頭を低くして、まるでピューマのようである。

ここではお駄賃の菓子をもらう。このとき「まちまちね」(待っていなさい)と言うと、ちゃんと待っている。泥足で窓に足を掛けるから、そこいら一面、足跡だらけである。もうやめようと思いながらも、その一生懸命さが可愛くて、いまだに日課となっている。

家の中で、私たちと過ごしたいサリーであるから、ちょっと油断をすると上がってくる。なんど拭いても、廊下は砂でざらざらになる。

「がっが、めん!(上がってはいけない)」

その度に大声で叱るのは私で、サリーは慌てて飛び下りる。

サリーにとって私は天敵であり、怖いおばさんである。このとき優しい顔でもしようものなら、尻尾を振って、居座るのだから仕方がない。私の表情をよく読み取っている。

「サリー！　お散（散歩）！」

の声で飛び出してくる。

「（門から外に）出てはいけない！」と言うと頭を下げ、目を三白眼にして、恨《うら》めしそうな顔でとぼとぼともどってくる。こんなことは犬の習性そのものであって、特別のことではないのかもしれない。

しかし、考えてみると、私とサリーの間には、言葉こそ交わしてはいないが、感情や、お互いの思いの交流は、それなりに、できているように思う。

二度目の山登りで、千葉県の寂光山《じゃっこうさん》に登った。五百メートルに満たない山で少々物足りなかった。いざ帰ろうとすると、サリーは車に乗らず、拗《す》ねた表情で座り込み、捕まえにいくと逃げる。捕まえにいくとまた逃げる。こんなわがままは初めてである。

「もう置いて行くから！」と車を発進させても知らん顔。

さんざん手こずらせて、やっとのことで車にひっぱり込んだ。

「もう車はいや！」

「もっと山にいたい！」

サリーはそう言ってストライキをしたのである。

今回の山は確かに遠かった。その上道に迷い、そして車の中は暑かった。私でさえ途中でいやになったのだから。

「こんどはもう少し近くにしましょうよ」

不完全燃焼のサリーは、帰りの車の中で寝ないで、ふてくされたように外の景色に見入っていた。

病気でもしたら別であるが、今のサリーには、たとえ一年に一回であろうとも、人間の言葉を話してほしいとは思わない。

これ以上、彼女の要求や、心の内を知ったら、人間さまが疲れてしまう。

人間の側にゆとりがあったら、例え相手が犬であっても、気持ちや思いが読み取れる。相手の気持ちを察した対応、その繰り返しの中で信頼関係が育っていくのであろう。

近ごろ、乳幼児の虐待《ぎゃくたい》が、社会問題となっているが、大人（親）が忙しすぎるのではないか。大人（親）がゆとりを持てば、子どもの発信するサインをキャッチできるはずである。

「子どもがおろおろして、母親の顔色を窺《うかが》っている」

ある保育士の言った『両親の喧嘩に怯《おび》える子どもの顔』

幼くても、子どもは大人（親）の言動から、的確に何かをキャッチしているのである。

サリーの根性に脱帽

サリーが家にやってきた

サリーが家に来て以来、急に私たちの山行きが多くなった。宿泊を伴う小旅行は一切できなくなったこともあるが、自然の中で生き生きと振る舞うサリーの姿が、私たちの山行きの気持ちを掻《か》き立てるのである。

「行こう！」と言い出すのは私。

「わかった」とばかり、計画を立てるのは夫。

ここのところ医者や薬局ともずいぶんと疎遠になっている。


定年で退職の日を迎えたとき、まだまだ心身共に元気で、一晩で変わる人生の境目が納得できなかった。定年退職とは社会が〃無理やりに人々を老人の世界に追い込む〃そんな制度に思えてならなかった。

老人の問題が社会で取り上げられるようになって久しい。その中でわかってきたことは、「物質だけでは人の心は充たすことはできない」ということである。

サリーは変哲のない私たちの生活に変化をもたらし、気力を目覚めさせてくれる。そう思えてならない。

夫が七十六歳になったとき、車での旅行を電車利用の旅行に切り替えた。その頃からである、観光会社募集の一日旅行に参加するようになったのは。この切り替えはすべて私の提案で、事故を心配してのことであった。電車や観光バスの中で居眠りをしている夫を見て、

(やはりよかった。体も気持ちも休まるわ)と思った。

しかし違う! 私のこの行為は、夫へ二度目の定年退職の勧告をしたことと同じなのである。

(私は、夫を老人の世界に追い込もうとしている!)

考えてみると剣道もスキーも未だ現役の夫を、年齢という枠から老人扱いをしようとしている。

人生一度きり、命の限り力いっぱいお互いに生きなければと思う。

サリーが家にやってきた

「どんなところへ行きたいか？」

「この計画はどうだ」

山男であった夫は、得意の計画立案に夢中である。急に生き生きとして会話も多くなった。

人間って強《したた》かである。封じ込んではいけないんだ！　怠け者の私も、それにつられて、いつのまにか山登りを、心待ちするようになった。

暑さを忘れて、年寄り二人が選んだ今回の山登りには、渓谷歩きが入っていた。

茨城県の武生《ぶきゅう》山。標高五百メートルほどの山であるが、急勾配を階段続きの下りからはじまる。足元はしっかり整備されているが段幅が不揃いでどうも勝手がおかしい。トントントンとリズミカルにいかないのである。サリーはと見ると、変に足を持ち上げたかと思うと小さく下ろす。しばらくして「おかしいねえー」と言うように後ろを振り向く。

「サッちゃん（機嫌のいいときの呼び方）変な階段ねえ……」

サリーは振り向くやいなや、ピョン・トン、ピョン・トン、ピョン・トンと律儀《りちぎ》に私たちのところに戻って来て尻尾を振る。どうにか林道へ出る。

林道に沿って歩くと左手に渓谷が続く。

川の流れの両岸に、掌《たなごころ》を伏せたような小さな砂浜が点在する。

「昔の滝壺の跡っていうのはあれじゃない！　でもまだ滝は枯れていないんだわ」

林道をかなり下ったところに、島を挟《はさ》んで両岸があり、そこには一際広くなった砂浜があった。その奥に小さな滝が勢いよく落ちている。

私たちは川原に下りた。

静寂の中、滝の音が涼《りょう》をさそう。

「サッちゃん着いたわよ！」

水が欲しかったらしく、サリーは川の水をしきりに飲んでいる。

今回の山登りには水に親しませようという目的があった。夏の暑さは黒い犬には堪《こた》えるであろうという思いからである。

「ぴちゃぴちゃ飲んでるけど、これ以上絶対、水に近づかないわ。意気地なしサリーですもの」

「そうだなあー」

そこで私たちは作戦を考えた。

私たちが水に入って向こう岸に渡り、サリーを呼ぶ。私たちの姿を見つけたサリーは川の流れを忘れて、水の中をとんで来る。

(こうでもしなければサリーは絶対に水には入らないだろう)

作戦は成功とばかり、私たちは靴下を脱いだ。いよいよ作戦開始。サリーはと見ると、サリーは浅瀬を選んでジャブジャブと向こう岸を目指している。渡り終えると水も振り落さずに黒羽のトンボを追いかけているではないか。

私たちの存在など眼中になし。

捕らえそうになるとトンボはスィーと逃げていく。夢中で追っかけ、捕らえそうになると、また逃げられる。そうこうするうちに、トンボは川面《かわも》に出て、流れに逆らって滝壺の方に飛んでいった。

「あっ！　サリーが……」

なんとあの小心者のサリーが滝壺に向かって水の中を走っているではないか。(あ！　滝壺！　どうしよう！）と思う間もなく、サリーは泳ぎはじめたのである。深みにはまったのであった。

顔を水面から出し、両手両足で水を掻いている。ところが驚いたことにサリーはトンボの後を追わず、滝壺の手前を右手に曲がって浅瀬を目指したのである。瞬時《しゅんじ》の行動で、サリーの顔は真剣そのものであった。

あの分じゃトンボの後を追って、滝壺の方へ行くと思っていた私たちはほっとした。

「誰にも教わったわけじゃないのにねえ……」

「まったく逞しい奴だなあ」

岸でぶるぶるぶると水を払っているサリーを見て、私達は大声で笑った。

自然は犬の心をも、解放させる魔力を持っているのであろう。サリーの行動は大胆になる。追い込まれると考えられない力を発揮する。水も川も小石混じりの浜も、サリーにとっては生まれて初めての出会いであり、泳ぐなど想像もできない事件であったはず。「生きる力」は、自分で考え、判断し、対処していく経験を重ねることによって培われていくものであると思う。

逞しく育っていくサリーから教わることが多い。


ゆとりの中でサリーを見ると、思いがけない発見がある。それはサリーを構《かま》っている時、恐怖感《きょうふかん》をもつことである。

舐めたり、噛んだり、はしゃいで飛び回ったり。スキンシップの最中にである。

子どもの頃から犬に慣れ親しんできた私が、この年になって感ずる恐ろしさなのである。


数日前、教え子のM子が子どもを連れて遊びに来た。

人間好きサリーはよき相手が来たとばかり、小学二年生の、娘の愛子ちゃんにぴったり。あっちに行けばあっちに、こっちに来ればこっちにと、片時も離れない。それだけでなく、じゃれつきながらの移動なのである。どんなに追っ払ってもしつこく付きまとう。

持て余してしまった愛子ちゃんは遂に母親の膝に避難した。

「サリーはすっぽんみたい！」

「どうして？」

M子と私は同時に質《ただ》した。

「だってサリーは諦めないんだもの。いやだって言うのに、いつまでも私のこと追っかけるんですもの」

「はははは……。すっぽんとはね……」

愛子ちゃんの言葉に私は大笑いをした。そしてそのわけを尋ねた。

「すっぽんって、雷さまが鳴っても、くわえた物は絶対に離さないんでしょう。兄ちゃんが言ってたわ」

「犬って大昔、狩猟《しゅりょう》に使われていた家畜だから、狙った物は絶対に離さない本能があるのよ。サリーが特別じゃないと思うわ」

M子が言った。

確かにそうらしい。

夜、夫にすっぽんの話をした。夫は子どもって面白いことを考えるんだねとやはり大笑いした。そして、

「『遊ぼう！』と何度も棒切れを運んでくるって言っただろう。仕事にならないから、棒切れをわざとさつきの木の上に投げたんだ。ここならば取れないだろうと思ってさ」

「しばらく待ってこないので、さつきの方を見たら、サリーは木の上に飛び乗ってあちこち探している。あれには驚いた。まさしくすっぽんだな」

地面を這うように根を張るさつきの木は、地面から一メートルの高さはある。畳一畳はあろうかと思われる木の上を、サリーは這い回って棒切れを探すらしい。

「どうしても見つからないと『探しても探しても、ないよ』と言わんばかりに

こちらを見る。決して手ぶらで戻ってこないんだ」

私がサリーに感ずる恐怖心は、思うにサリーのすっぽん根性にぶつかったときのようである。鋭い牙《きば》のようなものを感ずるのである。このようなとき私は、サリーに背を向けて、大急ぎで逃げるようになった。「犬が恐い」という人は、目に見えないこの鋭さが、不気味なのではなかろうか。

すっぽん根性で思い出すことがある。三回目の山登りで武生山に行ったときのこと、あまりにも暑かったので「氷」の幟《のぼり》に引き寄せられ、一軒の茶店に立ち寄った。蕎麦も注文した。客は私たちだけとはいえ、店にサリーを連れて入るわけにはいかない。

そこでサリーを散歩用の紐につなぎ、さらにナイロンの紐を足して長くしてやった。広範囲に歩けるようにと考えてのことである。見慣れた自分の家の車の傍であるし、木陰であるし。さっそく昼寝をするであろうと考えたわけである。

ところが私たちの姿が見えなくなったとたんキャン、キャン、キャンと鳴き続けるのである。私が店先から「まちまちね！（待っていなさい）！」と叫ぶ。しばらく静かであるがまた、キャンキャンがはじまる。そんなことを何度か繰り返し、そのうち鳴かなくなったのか、それとも夢中で蕎麦を食べていたので聞こえなかったのか、すっかりサリーのことを忘れていた。ところがふと外を見ると、なんとサリーが店先にちょこなんと座ってこちらを見ているではないか。

「あっ！　サリー！」

次の言葉が出なかった。

よく見るとナイロンの紐を噛み切ってとんできたのであった。散歩用の紐にもさんざん齧《かじ》ったあとがある。

「いやあー驚いた。よくここがわかったわねえー」

「ちゃんと言い聞かせなかったからだよ」

紐の始末をしながら夫が言った。

言って聞かせていたら、はたしてちゃんと待っていただろうか。頭を傾げてしまうが、いつだったか買物を済ませる間、車の中で待っていたことを思うと、そうかもしれないとも思う。

サリー　ついに指定席を得る

「犬は賢い」改めて思うときがある。その一つは、人間の微妙な所作や表情を機敏にキャッチし、感じたことを即、行動に移すことである。

人間好きサリーは、夜になると、私たちと並んでソファーに座りたくて仕方がないらしく敷石に乗っかっては、

「お願い、中に入れて」「お願い」と言うように、ライオンのような先の太い足で、ぱたぱたとガラス戸を叩く。私たちは知らん顔の共同作戦をとった。そのため、サリーの要求は日課となって、ガラス戸叩きはいつまでも続いた。

そんなある日、友人からサリーにプレゼントがあった。バスタオルを折り畳み、ミシン掛けした足拭きである。二枚の足拭きは色違いで、しかも女の子に相応《ふさわ》しい花模様なのである。

「バスタオルをねえ……」

私には思いつかないことである。とてもうれしくて、夜遅かったがさっそく二枚をソファーの上に並べて敷き、サリーの居場所を作った。そして「サリーここにおいで」とバスタオルを叩きながら呼んだ。

（こんな時間に何ごと……）と言わんばかりにサリーは隠れ家からのそのそと出てきた。

指定席を叩きながら「ここにおいで！」となんど呼んでも、動こうとしない。両耳をぴくぴくと動かして、私の指示を読み取ろうとしている。

その日はそれ以上、誘いには乗ってこなかった。今までの私たちの無視がよほどサリーの心に浸透していたのであろうか。

耳を動かし、真剣な顔で私の顔を見ている。今までの「がっがめん！（上がってはいけない）」の躾が身についてしまっているようでもある。

「ここにおいで！」

「ここに来てもいいのよ！」

二、三日サリーへの説得が続いた。ところがやっぱり怪訝そうな顔をしていて上がろうとしない。

「えーい強情者めー！」

私はいきなりサリーを抱えあげ、バスタオルの上に置いた。するとサリーは家の中をきょろきょろと見回し、（いいんですか？）と遠慮っぽく前脚を折り、尻尾を下げ、頭までも下げて、おそるおそる座った。

でもそれはほんの二、三回。

指定席を得たサリーのその後は、持ち前のおてんばに、満開の花を咲かせた。ぴょんと跳んで、ソファーのバスタオルにきちんと着地する器用さに、私たちは感心してしまった。ところが叱られないと感じとったサリーは、（こんなことだってできるよ）と言わんばかりに、いきなり庭から助走《じょそう》をつけ、目にも止まらぬ速さでステップ・ジャンプ・ドシンと着地するようになった。まったく素早《すばや》い一連の動作なのである。

（見事！）と思う私たちの気持ちを、完全にキャッチしたサリーは、ちょこんと前足を肘掛《ひじかけ》に載せる。そして背もたれに同じように前足を置き、どうだといわんばかりに私たちの顔を見る。そんなサリーは人間の子どものようで、つい「いいこ、いいこ」「サリーは可愛いねえ」と言いながら抱き締めてしまう。

夫の居場所を占領してしまったサリーを、追い出すわけにもいかず、一方安心しきった彼女は、今ではお気に入りのホースの切れ端や木切れを運び込み、ソファーの上で遊んでいる。

サリーに（してやられた）そんな思いである。

犬は半年で成犬になるというが確かに成長が早い。

サリーの成長に合わせ、色んなことが思い出されたり、教えられたりした。

〝一つ、二つは天才で、二十歳過ぎればただの人〟という言葉があるが、サリーの成犬までの日々は、フィルムの速回しのようで、「すごい！」「かしこい！」と驚きの日々であった。

その過程で「犬の習性なのか、サリーの個性なのか」をはっきりとさせてみたい。と思うこともあったが、それが犬本来の習性であろうが、サリーの個性であろうがどちらでもいい。知らないから驚き、一つひとつ発見が楽しかったのである。

また、その度ごとに、サリーへのいとおしさが増していったのも確かである。

「あら、そんなこと珍しいことでもなんでもないわ。犬ならどこの犬だってそうなのよ」

その一言で片付けられたら驚きも発見も、新鮮さも薄れてくるし、サリーへのいとおしさも、弱いものになったのではなかろうか。

(知らないから発見があり、発見があるから楽しい)「私は私」それでいいと思っている。

大人になったサリー

今日から八月。サリーは十二月生まれだから人間で言うならば、すでに大人の仲間入りをしているらしい。そのためか、または猛暑のせいか近ごろのサリーは昼間、ぐでーっと寝そべっている。

(いよいよサリーもおばさんかな)と思っていると、涼しい日や夕方になると、以前のおてんばサリーに戻っている。

「もう手術したほうがいいんじゃない。可哀相なことになるよ」

長男は電話の度に、このことをしきりに心配する。外国からだからよほど気にしているのだろう。

「母親になったサリーを見たい気もするな」

夫はぽそりと言う。

サリーそっくりの子犬が、もこもこと争って乳を吸い、サリーが子犬を端から一匹ずつ舐めている満足そうな顔を私も見てみたい。こんなことを言おうものなら、

「とんでもない。本当に可哀相なことになる」

と息子は一層心配する。

サリーの母親同様に六、七匹も子犬を産んでしまったら。それも雌ばっかりだったら。こんなことはいずれも想像の域《いき》を出ていないのに、そう思いはじめると、いやに息子の言葉が現実的になって迫ってくる。

どうも定まらずに八月を迎えたわけである。

「成長期のいちばん可愛いときを見ることができないな……」と呟いて旅立った息子は、八月に入って帰国した。久方ぶりにサリーを見て「あの頃の三倍にはなったなー」と想像以上に大きくなっているのに驚き、また手術の話となった。

「野良犬はもういないんじゃない？」

「確かにここ数年、野良犬は見ていないなあ」

「手術の必要、ないんじゃないの？」

私たちの会話を聞いた息子は、

「それだったら、赤城には絶対連れていけないよ」

と言う。

年何度か、赤城山の山小屋に出かけるが、そこには確かに野良犬がいる。息子の心配も納得できる。

「だからと言って、こんなに自由に育てられた犬は、預かってくれるところなどないかもね」

「そんなことをすると、サリーがノイローゼになるよ」

ジョンが神経症になったことを思い出したのか、息子が言った。

やはり手術するしかないと私は思ったが、夫はまだ迷っている。手術がいやなのである。可哀相なのである。

「まだ大人になった印はないのよ。でもいずれ決めなければならないことよね」

「いっそのことサリーに決めさせましょうよ」

私は言葉を挟んだ。

何年前になるだろう。ジョンとの思い出がある。当時の家族四人が横に一列に並び、離れた位置からそれぞれがジョンを呼んだ。

犬は家族に順位を付けていると知って、試してみたわけである。

ジョンは誰の所へ行こうかとさんざん迷って、よろけながら、そして申し訳なさそうに夫の傍に行った。毎日散歩に連れて行っていた長男はちょっとがっかりしたようであったが、当然の選択と諦めたようであった。

私の提案はこの方法である。

今回の選択は遊びではない。

突拍子《とっぴょうし》もない提案に二人は驚いたが、無言のOKをした。

(なんて無責任な)と私は後悔《こうかい》した。二人とサリーに申し訳ないと思った。

・サリーが夫の方に行ったら自然のままにしておく。

・サリーが息子の方に行ったら手術をする。

二人は庭の西の角に、二手に分かれて立った。

私はサリーの首輪を持って庭の東の端に行ってしゃがみ、サリーの顔を二人の方に向けた。

二人は同時にサリーを呼んだ。私はサリーを放した。

とんでいくと思っていたサリーは、のそのそと歩き始めた。そして夫の方へ近寄った。当然である。昨日帰宅した息子と、誰よりも、何よりも、信じている夫とは比較の対象にならない。結果の見える「賭《か》け」である。

息子は夢中でサリーを呼んだ。サリーは一瞬迷ったようであったがまた申し訳なさそうに頭を夫の方に向けた。

そのときであった、不意にサリーの大好きな棒切れが、夫から四メートルほど離れた息子の足元にばさっと落ちた。サリーは素早く向きを変えると、息子の足元に向かってダッシュした。審判は下った。

誰も、夫が棒切れを手にしていたことに気づかなかった。

「大安のいい日に、サリーを医者に連れて行きましょうよ」

夫は「そうだな」と応えた。


サリーは今日も夢中で蟬を追っ掛けている。最初の頃、簡単に捕らえていた蟬も、近ごろではサリーの思い通りにいかない。

捕らえそうになると、すっと飛び立っていく。すっぽんサリーは負けん気で追っかけている。

やがて秋風が吹きはじめると、コオロギやバッタを夢中で追っかけまわすのだろう。


二日後、息子は何やらほっとして名古屋に帰っていった。

サリーはやっぱりおてんばサリー

「子宮から卵巣、すべて取ります」

獣医の話に私たちはびっくりした。「何もそんなに！」と問う私に医者は「中途半端なやり方では駄目」という。何もわからないサリーは私たちの方を見て尻尾を振っている。

腹部を七針ほど縫う手術になるという。急に罪深く、私の気持ちは揺らいだ。可哀相でならない。一言も言わないが夫の気持ちは（手術取りやめ）に動いているように思えた。

私たちは無言で家に向かった。サリーは私たちと一緒の散歩が大好きである。人間の子どもと同じように私たちの顔を交互に振り仰ぎながら小走りに歩く。ときどき立ち止まっては、うれしそうに尻尾を振る。

そんなサリーをみると私の気持ちも取りやめに動いてしまう。

何となく気重で、無言のままの二人っきりの夕食は終わった。どちらも切り出せないでいるサリーの手術のこと。

（いっそ自然のままにしておこうか……）

（でも長い目で見たら、やはり手術をしたほうがいいのかも……）

あれこれ考えた。

「やはり手術をお願いする？」

「発情期になると雄犬が塀を飛び越えて来るらしい」

「えっ！　そんな！」

雌犬を飼っていた人から聞いたことがあるという。

信じられなかった。知らないことであった。雄犬が塀を飛び越え庭に入ってくる様を思い、狼の襲撃を想像した。

女性特有の生理現象もあるという。ソファーからの移動は絶対にしないように躾けるとしても、はたしてうまくいくものやら自信はない。躾けられなかったらどういうことになる……。

あれやこれやと考えた末、

「やっぱり手術しましょう！」

私は自分自身に言って聞かせるように、きっぱりと言い放った。こうしてサリーの手術は本決まりとなった。

「そうと決まれば体力つけてやらなきゃ！」せめてもの罪滅ぼし。私はせっせとサリーの好物の肉を食べさせた。

いやなことや恐いことに目をつぶるのは、いつも私。手術当日、夫はサリーを医者に連れて行ってくれた。

夕方四時、麻酔からさめたサリーは夫の運転する車に乗って帰ってきた。毛のそぎおちた腹に、七センチほどの幅広の肌色の絆創膏が貼られていた。まだ麻酔は切れていないらしく、頭をたれて虚ろな目でぼんやり、しょんぼりしている。

こんな姿のサリーを今まで一度も見たことがない。

「サッちゃん痛かったんだねえ。ごめんね」

私はぼーっとしているサリーの頭を抱いて謝った。

手術の後、三日間ほどサリーは神妙にしていた。四日目あたりから傷が痒くなったのか後ろ足で掻きはじめた。

「いやーこりゃ大変！」傷口が膿むともう一度やり直しになるらしい。そこで包帯で傷口を巻くことにした。ところが何度巻いても肋骨《あばらぼね》の下でつるりと滑り落ち、すぐに傷口が出てしまう。

考えた末、首から胴全体をぐるぐる巻きにし、どうにか一安心。見事な傷痍犬ができあがった。

待ちに待った七日目、どうにか無事、抜糸にこぎつけた。

「避妊の手術をすると雄犬のようになりますか」と聞くと、医者は「今までと変わりませんよ。しいて言うなら、おとなしくなるくらいかな」と予想に反した答えが返った。それを聞いて、

（恐ろしくなるほどのしつっこさが、少しは直るかも）

そんな期待をしたが、どうしてどうして関係なし。相変わらず庭中を我が物顔に駆け回っている。今日も庭の木に干したざるや雑巾を何回となくジャンプ

した末、とうとう自分のものにし、前足に挟んで引きちぎっている。

この分では「こら！　サリー！」「やめなさい！　サリー！」の怒声はまだまだ続きそうだ。

それにしても、（以前のように元気になってよかった）なんとなく罪が許されたような気がした。


ある会で、「自分たちの年を考えると生きものは飼えない」という話になった。「犬は飼いたいんだけど……」と言う。

言われてみるとその通り。我が家でも同様な心配があるわけである。だのに後先の考えもなく、可愛いさにつられて、ついサリーを飼ってしまったのである。あれこれ考えてしまうと、老人の部に入ってしまった私たちは、新しいことへ挑戦する勇気が、潰《つい》えてしまう。

あとどれほどサリーと共に過ごせるかわからないが、怒ったり、叱ったり、笑ったり、感心したり、ほめたりの毎日を大事にしていこうと思う。サリーが

郵便はがき

恐縮ですが
切手を貼っ
てお出しく
ださい

160-0022

東京都新宿区
新宿1−10−1

(株) 文芸社

ご愛読者カード係行

<table>
<tr><td>書　名</td><td colspan="3"></td></tr>
<tr><td>お買上
書店名</td><td colspan="3">都道　　　市区
府県　　　郡　　　　　　書店</td></tr>
<tr><td>ふりがな
お名前</td><td colspan="2"></td><td>明治
大正
昭和　　年生　　歳</td></tr>
<tr><td>ふりがな
ご住所</td><td colspan="2">□□□-□□□□</td><td>性別
男・女</td></tr>
<tr><td>お電話
番　号</td><td>(書籍ご注文の際に必要です)</td><td>ご職業</td><td></td></tr>
<tr><td colspan="4">お買い求めの動機
1. 書店店頭で見て　2. 小社の目録を見て　3. 人にすすめられて
4. 新聞広告、雑誌記事、書評を見て(新聞、雑誌名　　　　)</td></tr>
<tr><td colspan="4">上の質問に1.と答えられた方の直接的な動機
1. タイトル　2. 著者　3. 目次　4. カバーデザイン　5. 帯　6. その他(　　　)</td></tr>
<tr><td colspan="2">ご購読新聞　　　　新聞</td><td colspan="2">ご購読雑誌</td></tr>
</table>

文芸社の本をお買い求めいただき誠にありがとうございます。この愛読者カードは今後の小社出版の企画およびイベント等の資料として役立たせていただきます。

本書についてのご意見、ご感想をお聞かせください。

① 内容について

② カバー、タイトルについて

今後、とりあげてほしいテーマを掲げてください。

最近読んでおもしろかった本と、その理由をお聞かせください。

ご自分の研究成果やお考えを出版してみたいというお気持ちはありますか。

ある　　ない　　内容・テーマ（　　　　　　　　）

「ある」場合、小社から出版のご案内を希望されますか。

する　　しない

ご協力ありがとうございました。

〈ブックサービスのご案内〉

小社では、書籍の直接販売を料金着払いの宅急便サービスにて承っております。ご購入希望がございましたら下の欄に書名と冊数をお書きの上ご返送ください。（送料１回210円）

ご注文書名	冊数	ご注文書名	冊数
	冊		冊
	冊		冊

いなかったら日常生活に変化は起きないであろう。

変化は楽しいことだけではない。ときには煩わしさや、厄介な事態をもたらすこともある。日常の生活の中で起こるこれらの変化は、感性を揺《ゆ》さぶられることなど、ほとんどなくなってしまっている老人の生活に、新鮮な空気を送り込み、閉ざされそうな五感を蘇《よみがえ》らせ、生きる力を授けてくれる。

サリーを飼うことは、自分たちだけの都合と考えず、サリーの生涯も大切にしてやりたい。「共に共に大切にね。大事にね」そんな思いで過ごしている。

手術から一カ月ほど過ぎ、山にも二度ほど連れていったが今までと変わったことは見られない。あえて変わったことと言えば、私たちの言葉をよく聞き分けるようになったことであろうか。

〝話せないがわかる〟人間の子どもの成長過程にも同じことが見られたが、犬は五十言葉ほどわかるという。犬も人間の子どもと同じなのであろうか。叱られると「ごめんなさい」と言わんばかりに耳や尻尾をたれ、平身低頭する。今では叱られる前にそれと察して平身低頭したり逃げ出したりする。

サリーの場合、「待ちなさい」「こらちに来なさい」という言葉にはいやいやながらでも守る。首輪を外して自由に歩かせても大丈夫なのである。そんな賢さが無性に可愛い。

「まちまちね（待っていなさい）」と言って聞かせ、車の中で待たせると四時間ほど待てるようになった。

「目を見て、話しかけるように話すことが大事なのね」

「そうだな。それともう一つ、約束は必ず守ってやること。待っていれば必ずもどってくるっていう信頼関係」

「なるほど、言ったことは必ず守ってあげるってことか」

屋外で飼っているせいか、また個性なのか、いずれにしても粗野で乱暴なサリーである。宿泊旅行は、金輪際駄目だと諦めていたがこの分だと一、二泊の旅行なら連れていけそうである。

だんだんに慣れさせていったら、サリーだけで外泊もできるようになるかもしれないし、預かってくれる人もいるかもしれない。

「そうなったら預けるところを探すんだな」

慎重な夫にしては珍しく早い反応である。

(ひょっとしたら、また外国旅行でもできるようになるかも?)

そんな希望が頭をよぎった。

「サリー! 取ってきなさい!」

サリーは私の投げたホースの切れ端を目掛けて、猛烈ダッシュしていった。

庭に出ると待ってましたとばかりに飛びかかってくるサリー。それだけでなくしつっこくじゃれつく。そんなことが重なると、すっぽん根性などといっているゆとりはなくなる。疎《うと》ましくなる。あまりにも後を追っかけ回るサリーに、

「人離れが必要なんじゃない? サリーはしつっこいよ」

久しぶりに帰ってきた長男も言う。

「まったく人間以外に目が向かないんだから。でも世の中、『気になっても手

におえないものがある』ってことはわかったらしく、餌を食べにくるすずめには、向かっていかないようになったわ。とかげの追っかけも卒業したみたい」

「おかあさんたちに関心がありすぎるのは、おかあさんたちにも責任があるんじゃないの？」

息子の言う通りかもしれない。こちらの都合で必要以上に構ったり食べ物をやったりする。時間の余裕のある年寄りのこと、その頻度が多過ぎたのだろうか。

「チャッピーと仲良しになってもらいましょうよ」

犬の散歩のときに、ときどき立ち寄る若夫婦を思い出した。チャッピーは雑種の雌犬で、サリーより一カ月早く生まれたらしい。チャッピーが来るとサリーは大変なさわぎようで、門扉の前を右に左に気忙《きぜわ》しく走り回り、嬉しさを全身で表し歓迎する。

「中に入れませんか」と若いご主人に声をかけた。

「チャッピー、仲良しになってね」

仲良しになれたら、サリーの人離れは成功すると思った。

ところが思うようにはいかないもの。二匹は互いに駆け寄るやいなや、唸《うな》り合い、咬《か》み合い取っ組み合いの喧嘩をはじめたのである。

「たいへん！　引き離して！」

ウウーと呻《うめ》くサリーとチャッピーは、それぞれの飼い主に引き離された。もくろみは失敗。放っておけば怪我をさせてしまうほど激しい戦いであった。

「権力争いをやったんでしょう。同性どうしでは喧嘩になる」

散歩で知り合った人が教えてくれた。そういえばその人の連れていた犬は雄犬で、二匹の犬はしきりに尻尾を振りながら鼻先を近づけて、いい雰囲気なのである。

「ねえ、ジョンとオッカのこと覚えてる？　やっぱりサリーに友達をつくってやりましょうよ」

ある日、私は再び夫に提案した。思いついたのは鶏である。

オッカは家で飼っていた雌鶏《めんどり》で、小屋が犬に襲われたとき、一羽だけ奇跡的に生き残った鶏である。オッカは犬には警戒するはずなのに、ジョンには平気らしく、追っかけたり、逃げ回ったりと実に仲良しであった。

「鶏は庭を荒らして困るなあー」

「それも、そうねえ」

確かに鶏は庭の隅々を、あの鋭い爪で引っ掻きまわすし、作物の芽を徹底的に食べ尽くす。一手に我が家の庭師を引き受けている夫の言葉である。無理もない。

「サリーのお友達は、うさぎにしましょうよ」

以前、うさぎを飼っていたことを思い出した。うさぎなら庭を荒らすことはないだろう。

反対しないところをみると夫も同意見のようだ。明るい気持ちになって二人でペットショップへうさぎ探しにでかけた。

「これ、大きさは丁度いいけど、うさぎ、やられちゃうわ。一日ももたないわ」

「いつも逃げられているドラ猫の仲間だと思って、とことんやっつけるよなあ」

「だからといってもう一匹、犬は飼えないわねえ。大変なことになる」

檻の中で戯れあっている子犬を見て、犬ならば……と思った。

「いずれにしてもサリー、大きくなりすぎたな。いっそのこと、もう少し年をとればいろんなことがわかってきて、手加減もできるようになると思うが、今いちばんむずかしい年頃なんだなあ」

「となると私たちの『犬離れ』でいくしかないわねえ。あなたできる？」

「あの顔で寄ってこられたら、むずかしいなあー」

「そうなのよねえ」

「しばらくこのままでいいさ」

ということになった。

サリーの短所はサリーの長所さ

サリーが家にやってきた

サリーが我が家の家族になって十一カ月過ぎたある日、おもいきって宿泊を伴う山登りを計画した。茨城県の八溝山《やみぞ》である。

この山は茨城県一の高さらしいが頂上へは車でも行ける山である。一方八合目から登ると、水戸光圀命名と伝わる数個の湧泉がある。

この地は栃木・福島両県との境にあり、東京からでは遠隔であるため一泊旅行となった。明日はサリーを連れて登る。

近ごろ、犬同伴可の宿泊施設が増えているが、私たちの宿泊する旅館はそれは叶わなかった。一晩、車の中に置くのは初めてなので気掛かりだった。

案の定、車から離れる私たちを目で追って、キャンキャンと鳴きはじめた。

「まちまちね！」も何もあったものじゃない。車の窓を叩きながら、いつにない悲壮な声で鳴く。

「置いていかれることがわかるのかしら？」

「いつもと違う、ちょっとおかしい。と感じているんだろう」

夫は（当たり前のこと）と言わんばかり。

「だからまだ早いと言ったじゃない」

「様子を探《さぐ》りにいってみる？」の私の問いに夫は、

「そんなことはしないほうがいい」と言う。

温泉に浸かっても、食事になってもなぜか落ちつかない。

夕食の料理の中からサリーの好物を選り出し、たっぷりとスープをかけてサリーのもとに運んだ。

「サッちゃんごめんね。さあーおいしいよ！」

狂ったように車から飛び出てきたサリーは、餌には目もくれず、夫に飛びついていった。

「さあおいで！　おいしいよ！」

私がいくら声をかけても知らん顔。夫にじゃれついたままである。

「よほど心細かったんだなあ！」

サリーの頭を撫ぜながら夫が呟いた。

サリーが家にやってきた

「ちょっと散歩に連れていってくる」

そういって夫はサリーを連れ出した。

しばらくして部屋にもどってきた夫の話によると、近くに遊歩道や草叢《くさむら》のある川があって、そこにサリーを放したら元気に飛び回って、その後、ガツガツと餌を食べたとのこと。

「まったく、まったく。犬のくせに人並みに……。その後おとなしく車に入ったの？　朝まで大丈夫かしら」

「ああ。大丈夫とは思うが……」

こうして朝を迎えた。朝食に好物のハムがあったのでガツガツとよく食べた。

「サリー、やっぱり順応性があるわねえ。新しい生活にすっかり慣れたようね。昨晩はどうなることかと心配だったけど」

「サッちゃんはおりこうね。こんなにおりこうなら、また連れてこようね」

「よかったなサリー」

心配された一泊をクリアしたことで、夫も私も安心した。

ところがその後が大変であった。

いざ出発！　とサリーを車に乗せようとしたら、逃げ回るのである。

「さー、お山に行くよ！　早くおいで」

なんど声をかけても遠退《とおの》き、連れにいくと逃げ回る。犬が相手ではどうしょうもない。

早く登ろうと計画したのに、おかまいなしに時間は過ぎていく。車の隙間に追い込んでやっとのこと捕縛。

「サリーは昨夜のお返しをしたんじゃない？」

「そんなことはないと思うけど、よほど不安だったんだろう。ちょっと散歩に連れていくか」

朝の川岸は人の姿もなく、川の流れに沿って遊歩道がどこまでも続く。

「サッちゃんおいでー」と呼ぶと猛烈ダッシュしてくる。

耳を伏せ、体を低くして走る姿はまるでピューマである。

「サリーこい！」

七十メートルほど離れたところから夫が呼ぶ。それを耳にすると大急ぎで夫のもとへ走る。

真剣そのものの顔は、ほれぼれするほど美しい。

「サッちゃん上手、上手！　かっこいい！」と手を叩いてやると、ますますその気になって「どうだ」と言わんばかりにピョンと跳ねてターンする。

二人の間を四度、五度と往復して朝の散歩は終わりにした。

その後素直に車に乗った。


いつものように、気配りサリーに元気づけられ、頂上の八溝嶺神社に着いた。展望台もあり、吾妻連峰や太平洋が一望できる。

「サリー！」

きょろきょろと声の在りかを探していたサリーは、展望台の私を探し出し「きゃんきゃんきゃん」と、もがいた。

夫はと見ると、サリーから少し離れた枯草の上に足を投げ出して横になっている。

七十歳をとっくに過ぎた夫と、一昨年古希を迎えた私と、共に自分の足でここまでやってきた。

もしサリーがいなかったら、そしてサリーの喜ぶ姿がなかったら温泉めぐりのついでにと、きっと私たちは車で神社を訪れたであろう。「サリーにひかれて山登り」それが結構楽しくて疲れを覚えないのである。いい年寄りが、

「おとうさんのところへ行きなさい!」

「おかあさんはどこだ!」

など言っているのを聞いて、だれも頭を傾げるだろう。でも当事者には違和感が少しも湧かないのである。


朝のハプニングのせいもあって、その日の帰宅は九時を過ぎてしまった。

生後一カ月で我が家に来たのだから、人間社会の年の取り方でいうと、十二

月でサリーは満一歳となる。

茶混じりの黒犬であったサリーであったが、今では茶色の中に黒が交じり、垂れていた耳は両手を伸ばしたように、ピンと立っている。体重も十三キロの堂々の体軀である。昔の面影はどこを探してもない。あるとすれば物をねだるときの眼差《まなざ》しくらいである。

十歩も歩かなかった意気地なしサリーは、今では庭中我が物顔で走り回り、蟬やとかげを追っかけ捕らえる。ところがそのサリーはいまだにエンジンの音が怖く、音が近づくと隠《かく》れまわる。

「ジョンとサリーの大きな違いは音への反応だね」

「サリーは音は敏感にキャッチするけど、そこで硬直してしまって嫌いな音や怖い音に対して、細かく分析しないな」

息子たちのサリー評である。

思い起こしてみると、確かにジョンは音を細かく分析し捕らえていた。家族には聞こえない夫の運転する車の音を聞き取り、気が違ったかのように鳴き騒ぐ。その後しばらくして夫は必ず帰宅した。毎日のことなのである。

「不思議ねえ。ジョンはおとうさんの運転の癖を覚えているのかもしれない」

そんな会話をしたことを覚えている。

ところがサリーは、いまだに我が家の車の音の聞き分けができないのである。私道に車が入ってもまだ信じられないらしく、隠れ家から息を殺して様子を探っている。(夫の姿を確認すると飛び回って喜ぶのだが) 小心で用心深いサリーは、音は聞こえるが恐さが先に立って、その音を細かく聞き分ける気持ちの余裕が持てないのだと思う。

「サリーは内弁慶だ」これも息子たちの評である。家では自由奔放に振る舞っているくせに、外に出ると私たちの体のどこかしらに体の一部を擦り寄せ、ぺたっとくっついている。ドライブインなどで、「可愛いね」などと、知らない人に声をかけられるとさあ大変。

不安げな顔をして夫や私の足の間にこそこそと隠れる。

これも小心の成《な》せる業《わざ》であり、よく言えば用心深さからくる仕草ではなかろうか。

しかし、短所と思えるサリーの度を超えた小心や用心深さは、観察の細やかさともなっているようで、例えば私がオーバーを着ると急ぎ門の前に行き、律儀にも見送ってくれる。同じオーバー着用でも、散歩用のオーバーをまとうと、「早く早く」と言わんばかりに門をがりがりと引っ掻きはじめる。

サリーはオーバーの違いを見抜くのである。夫と二人での外出のときは、絶対に後を追わない。温かい目で見送る。服装がいつもと違うので、連れて行ってはもらえないとでも思っているのであろうか。それとも雰囲気を感じとっているのであろうか。いずれにしても鋭い観察であり、用心深さの成せる業と思えてならない。

サリーの用心深さを短所とみるか長所とみるか。サリーの場合やっぱり「短所イコール長所」のように思えてならない。

ハッピーバースデー　サリー

サリーが家にやってきた

十二月のある日、夫がケーキを買ってきた。サリーの誕生ケーキだという。プレートには「サリー　たんじょうびおめでとう」と茶色の板チョコに白いチョコレートで書かれていた。ここまでくるとさすがの私も一言もない。

「しばらく誕生ケーキも買っていないからな……」

夫は恥ずかしげもなく言う。それはそうだけど……。

確かにここ何年か、誕生日だの、ケーキだのから遠退いていた。子どもたちがいた頃、誕生ケーキを用意するのはいつも夫の係りだった。二人きりになると誕生ケーキを持て余すようになり、いちばん小さいケーキにしても、それでもなお残ってしまう。ある日の、

「この年になって誕生ケーキなんてねえー」という言葉を最後に、誕生ケーキは姿が消えてしまっていた。

（よくもまあ……）店の人は孫の誕生祝いのケーキと思ったのかもしれない。

私は吹き出してしまった。

「今夜限りよ！」

と言いながらサリーを椅子に座らせ、ハッピーバースデーの歌をうたう。

「サッちゃんよかったねえ」

「よかったなあサリー」

「きれいでしょう」「美味しそうね」など、サリーを相手に、あれこれ話しながら楽しい誕生日になった。電気を消し暗くして、ピンクのろうそくに火を点けた。

サリーはと言えば、当然のことながらケーキ以外の関心は毛頭なし。くんくんくんくんと鼻をならし、明るくなるや否やぺろっと一口でケーキを食べてしまった。

「まったく！　味わいなさい！」

白いクリームをつけた鼻を見て笑いだしてしまった。

「甘い味、覚えさせてはいけないってよ。犬も歯槽膿漏《しそうのうろう》になるんですって」

夫は「よーし、旨かったか」と言いながら自分のケーキを口に入れてやる。

「今まで飼った犬の中で、こんなに相手をしてもらった犬ってなかったわね。

歯磨きなんてとんでもないわ。

近ごろサリーは甘党になっているから、このぶんじゃ歯磨きの必要もおこり得るわ」

夫は私の心配を無視して、「サリー旨いか、よしよし」とサリーに声を掛けながら、残りのケーキを舐めさせている。

「そうなったら、あなたが面倒をみるのよ」

(牙の歯磨きなんて、誰にだってできることじゃないわ)

ケーキを舐めさせ続ける夫に、私は怒りの言葉を発した。

「クマにしてもジョンにしても、子どもたちは暇《ひま》があると公園に連れて行ったり、じゃれあったり、本気で遊んでやったじゃないか。ケーキを食べるより犬にとっては、そのほうが実は嬉しいんだよ」

サリーの頭を撫ぜながら夫は言った。

「じゃあ、なぜケーキなんて買ってきたの。私たち方式で可愛がってやりましょうよ」

「まあいいじゃないか。サリーの生まれて初めての誕生日だ」

人に話せることじゃないと思いながらも、久しぶりに楽しい夜になったのである。

ハッピーバースデー　サリー

寒さもあって、サリーは十二月、一月と部屋で過ごす時間が長くなっていった。

体も大きくなったし、粗野で、行動も激しいので、指定席のソファーからは一歩も下りないように躾けてあった。サリーは感心にもそれを守り、指定席に棒切れやボールを運び込むことはあっても、板の間の居間に下りることはなかった。

正月も終え、寒さが厳しくなってくると朝の散歩を嫌がるようになった。夫の「お散にいくか！」の声を聞くと庭に飛び下り、紐をくわえて引っ張っていたくせに、紐に足を通そうとすると「行きたくない行きたくない」と言わんばかりに手こずらせるのである。

サリーの毎朝の散歩は自転車に乗った夫が伴走。二キロほど走る。じつに見事な走りっぷりだったようだ。

「この犬、足の爪が伸びてない！」

いつだったか尋ねてきた姪が、サリーの足の裏をさすりながら言ったことがある。十分に運動している犬の爪はすり減っているらしい。爪が伸びるとヤスリのようなもので削らなければならないという。触ってみるとサリーの爪はつるつるしていた。

「お散（散歩）！」の声に動かなくなったサリーはソファーの肘掛や背もたれに足を掛け、人間さまの言動をしっかりと観ている。

指定席から出られないサリーは、肘掛や背もたれの上に立ち上がり、そばを通ると飛びついてくるようになった。サーカスのようなその仕草が実に上手で、バランスがいい。つい「上手！　上手！」と手をたたくと、何度となくやってみせる。

そんなこと以外はガラス越しの日差しの中でぐてーっと寝ている。元気に飛び回っていた、かってのサリーの片鱗《へんりん》も見いだせない。

しかし室内での生活は知的面での成長をもたらすらしく、そのことは鳴き声の変化から察しられた。ときによって、高音低音の聞き慣れない声で唸ったり、ときには声色まで変える。己の要求や、気持ちを伝えてくるのである。

（室内で飼うと人間に近くなるのかな。可愛いなあ）とは思うが、「サリーは座敷では飼わない」という、私たちの考えは変わっていない。

大きいから？　粗野だから？　毛が抜けて汚いから？

それもこれも、理由としては確かに気持ちの中にある。

しかし一番の理由は、

「犬は外で飼うもの、犬にとってそれがいちばん幸せである」と私たちの意見が一致しているからなのである。

この二カ月の冬の生活で、いつの間にか屋内で過ごすことが多くなったサリーは、外での食事を終えると即、部屋の指定席に帰ってくる。庭との仕切りになっているガラス戸を、「食べ終わったよ」とでもいうように、ライオンのような足で叩くのである。室内での生活を当たり前のように思っている。

それでも夜「おやすみタイム」と言いながらガラス戸を開けると素直に外に出ていく。

室内での生活の時間が長くなるにつれて、サリーは私たちの癖や表情をキャッチし、それにあわせて今まで以上、的確な反応をするようになってきた。

「サリー、また見つめている。まるで神経質な子どもと一緒にいるみたいねえ」

サリーと一緒にいると、気の抜けない、神経を張り巡らした人間の世界にいるような気持ちになる。

それに一日の半分以上は寝ている。これじゃあ「犬は喜び庭駆け回り～」どころじゃない。雪になるとソファーの上で猫のように蹲《うずくま》っているだろう。

時代による変化って、動物の世界にもあるのだろうか。サリーは今まで飼った犬と、違いが多過ぎるのである。

私が子どもの頃だから今から六十年余も前になるが、自然はすべて自分の遊び場、子どもたちも犬も夕方暗くなるまで外で満足のいくまで夢中で遊んだ。

やがて犬の放し飼いが禁じられた。三十年くらい前だろうか。しばらくして野良犬の捕獲がはじまり、丸い輪っかを取り付けた捕獲の道具を持った男の人の姿を、田圃や道で見かけるようになった。自由の楽しさを覚えてしまった我が家のジョンはよく家出をした。その度に、夫や息子たちは保健所を訪れ、ジョンを探した。

住宅事情のなかで庭での飼育は困難になっていったが、近ごろでは、「ペット同居禁」であった入居条件も、今では「同居可」と解禁になっている住宅や団地もあるという。犬同伴の宿泊の可能な宿もあり犬を連れての宿泊旅行も可能になっている。人間と犬との生活の距離は狭《せば》まっているのである。それだけに愛情のかけ方も変わってきている。

尻尾や耳に、ピンクや黄色のリボンをつけ、可愛らしい上着を着た犬。雨の日には、レインコートを着けて散歩のわんちゃん。「おやおや」と思いながらも「可愛がってるんだなー」という思いは強い。

私も真似をして、「サリーは女の子だから可愛くしましょうね」と語りかけながら尻尾にピンクのリボンを付けてやったら、体を折り曲げて喰《く》いちぎってしまった。私の羽織っていたチョッキを着せてみたら、やはり振りくりまわして、ぬいでしまった。

どうも粗野である。自由奔放《じゆうほんぽう》に育てすぎたのであろう。学習されていないせいもあるだろう。その気になって教え込めばサリーは必ず習得《しゅうとく》できる。しかし学習させようとは思わない。自然の中を風を斬《き》って全力で走るサリーの姿が、私たちは大好きなのである。

（それはサリーも大好きなこと）私はそう思うからである。

ホルモンの関係って言うけれど

屋内の限られた場所での生活はサリーには堪え難かった。だからといって人間（私たち）から離れようとしない。いつの頃からか、ふと気がつくと居間のあちこちを歩くようになっていた。

「あっ！」と声を出すと、慌てて指定席にもどる。私はいらいらしてきた。サリーもいらいらしているのか、ある日私の腕に取りすがって変な行為をはじめた。雄犬が雌犬に見せるあの行為である。私を雌犬と見立てての行為なのである。そのうち急に荒々しい息づかいとなり体を激しく前後に動かしながら喘《あえ》ぎはじめた。

思いもかけぬサリーの行為にぞっとした私は、思わず腕を振り払った。（サリーは雄になったんだ！）

避妊手術の影響について医者は「変化はない」と言ったが、のびのびと自由に育ったサリーは、手術によって雄の本性が呼び起こされたのではなかろうか。（そんなことってあるんだろうか？）

帰宅した夫に、

「サリーはあなたにもそんな行為をしたことある？」と質した。

「なん度かあった。不思議に思って本で調べてみたが『そんな行為をすることもある』以上のことはなにも書いてなかった」

夫はすでに承知していたのである。

「私びっくりして、慌ててサリーを突き離したわ。なぜ早く教えてくれなかったの。なんだかサリーが男性に見えてきて嫌な感じだったわ……」

「不妊手術をしただろう。ホルモンと関係があるんじゃないかな」

「……」

「そうだとしたら、原因は私たちにあるのはわかっているけど……」

不妊手術の日のしょんぼりと頭をたれたサリーの姿が思い出され、サリーを不憫《ふびん》に思った。

「何があったとしてもサリーは家族さ。一月《いちがつ》もあとわずか。冬でも千葉は暖かいぞー。久しぶりに山にでも行くか」

夫の大きな声が重い空気を破った。

サリーにひかれて百までも

サリーが家にやってきた

冬の千葉は寒さを忘れさせる。

外房鴨川《そとぼうかもがわ》では節分前だというのに、畑では菜の花が絨毯《じゅうたん》のように広がり、ポピーの可憐《かれん》な花びらが風にそよいでいる。無数に並ぶ温室にはストックの花が出荷を待っている。

花嫁街道を歩いた。この街道は、山向こうの谷間の山村から山を越え、山麓《さんろく》の漁村に輿入《こしいれ》する花嫁が通った道である。

サリーは完全に元の健全な犬に切り替わっていた。今冬の二カ月にわたる室内犬の経験は、サリーに細かい表情を読み取る能力をつけたようである。遅れて登ってくる私を気にして、夫が立ち止まると山を駈け下り私のもとにやってくる。「大丈夫よ」と言うと、また夫の後を追う。

今までのように「おかあさんは？」の言葉がなくても、立ち止まった夫の顔を見て、それと察し行動を起こすのである。

室内でのサリーの生活に私は眉《まゆ》をしかめ続けていたが、サリーは知的な面で成長をしていたんだなあと認めざるを得ない。

早朝の散歩は外房の海である。

引いては押し寄せる波の音、潮の香り。なかでも広い砂浜と砂の感触は、サリーには初めての経験であった。小心サリーのこと、波を見て逃げ出すだろうと思っていた。ところが広い砂浜を波打ち際に沿ってどこまでも走り、思い出したように立ち止まり、後ろを振り向くと、私たちのところへ全速力でもどってくる。

「まるで人間の子どもね」

外房の水平線は気持ちのいいほど遠く、目の前いっぱいにどこまでも横に広がる。冬を感じさせない日差しである。

「山もいいけど海もいいわねえ。気分爽快。空気がおいしいって言うのはこれなのよね」

私は棒切れを拾って沖に向かって投げた。サリーはダッシュして棒を追っかけた。何度繰り返してもうまく棒切れをくわえてくる。

「よーし、それでは、えーい!」と満身の力で投げた棒切れは遠くに飛んでいった。

大きな波は棒切れを隠し、さらに砂浜に押し寄せてきた。

（しまった！　波にさらわれる！）

心配をよそにサリーは押し寄せる波を前に、つつっと急にブレーキをかけるや否や、打ち寄せた波の直前でバックをして必死に逃げかえった。素早い反応だ。これで棒は諦めたなと思いきや、何度か挑戦し、何度か失敗し何度か目に、ついに捕らえ運んできたのである。すっぽん根性は健在であった。


「まったくサリーはすばしっこい奴だ……」

波に足を洗われた夫は、ビショビショになった靴を脱ぎながら呟いた。ぺちょぺちょと夫の足を舐めているサリーに夫は、

「こんどは雪山《ゆきやま》に連れてってやろうな」と話している。

テレビにスキーの映像が、毎日のように放映されていた暮れのある日、「歩くスキーを始めないか」と夫に誘われた。

「とんでもないこと。こんな年になって……」

冗談だと思って返事もしなかったが、どうもあれは本気のようだ。

（勇気を出して、歩くスキーとやらに、挑戦してみるか！）夫やサリーといっしょだったら、なんとなくできそうな気になってくる。

それはそれとして、その前に夏がある。

大好きだった夏であったが、今の私は冷房の後を追っかけ、いつの間にか汗を厭《いと》う生活になっている。

夏には夏でなければできない楽しみがあったのに……。

そうだ！　今年の夏は「サリーにひかれて海水浴！」を実現してみるか。

とっくに諦めていた海水浴であるが、波を追っかけるサリーを見て、ほんのり意欲が湧いてきた。

私たちが海に入ったら、サリーはどんな行動をとるだろう。

小心サリーになって波際《なみぎわ》でわんわんと鳴き続けるか。

すっぽんサリーになって、何度か挑戦の後、ついに海の中に入って来るか。

それとも考えられない行動を起こすか。

考えただけでも楽しみである。


宿泊は房総の「ホテル三日月」がいい。あそこは海水着のまま海辺に行ける。

そんな日はもう絶対にこないだろうと諦めていたけれど、このホテルは何年か前、実は目をつけていたのである。

それにしても、海水浴は「月の明るい夜」の夕方にしよう。昼間、太陽の下で犬と戯れる勇気は、とてもじゃないけどないから……。


「私、歩くスキーに挑戦してみるわ。明日から足腰鍛えなくちゃあね」

「………」

「………」

大きな波が打ち寄せ、夫とサリーは飛び退《の》いた。わっはっはっと笑う夫の声が波の音と重なった。

著者プロフィール

小山 矩子（こやま のりこ）

1930年　大分県杵築市八坂に生まれる。

大分大学大分師範学校卒業。

東京都公立小学校教諭・同校長として40年間教職を務める。

その間、全国女性校長会副会長として女性の地位向上に努める。

退職後、東京都足立区立郷土博物館に勤務。足立区の東淵江・綾瀬・花畑・淵江・伊興を調査し「風土記」を執筆する。この作業を通じて歴史的な事物に興味をもつ。

主な著書に「足尾銅山－小滝の里の物語」（文芸社刊）がある。

東京都在住。


サリーが家にやってきた～愛犬に振り回されて年忘れ

2002年10月15日　初版第１刷発行

著　者　小山 矩子
発行者　瓜谷 綱延
発行所　株式会社 文芸社
〒160-0022　東京都新宿区新宿1-10-1
電話　03-5369-3060（編集）
03-5369-2299（販売）
振替　00190-8-728265

印刷所　株式会社 平河工業社

ISBN4-8355-4527-3 C0095